学生科普百科系列

全景
手枪小百科

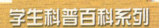

QUANJING SHOUQIANG

XIAOBAIKE

雨 田 编著

北方联合出版传媒（集团）股份有限公司

辽宁少年儿童出版社

沈 阳

 前 FOREWORD 言

在这个充满谜团的世界上，在我们栖居生存的美丽星球上，有许多知识是我们必须了解和掌握的。伴随着时空的推移，地球经历了惊天巨变。人类也在认识自然、掌握规律中不断发展，人类所掌握的知识在不断更迭和进步。

少年儿童是民族的希望与未来，也是最需要良好知识培养和熏陶的广大群体。在培养少年儿童学习兴趣的过程中，如何将知识的趣味性、实用性、时代性等特点充分融合，并用喜闻乐见、图文并茂、简单易学的书籍来满足少年儿童的学习要求，是当代每一个出版工作者都要思考的重大问题。

鉴于此，编者通过大量的收集与筛选，精心编纂了这套《学生科普百科系列》丛书。本丛书力求由浅入深、由点到面地介绍每一个知识点，在帮助少年儿童更直观感性地掌握知识的同时，使其能够快乐阅读、轻松学习。

编 者

目录 CONTENTS

美国柯尔特蟒蛇型转轮手枪 ··· 2

美国柯尔特 M1917 型转轮

手枪 ············ 4

美国柯尔特特种侦探转轮

手枪 ············ 6

美国史密斯 – 韦森系列转轮手枪 ················ 10

美国鲁格红鹰型转轮手枪 ················ 12

法国曼哈尔因 MR73 转轮手枪 ················ 14

美国柯尔特警用型转轮手枪 ················ 16

美国史密斯 – 韦森双动转轮手枪 ················ 20

美国鲁格保安 6 型转轮手枪 ················ 22

美国柯尔特转轮手枪 ················ 24

英国韦伯利 MK6 型转轮手枪 ················ 28

德国毛瑟"Z"字形转轮手枪 ················ 32

俄罗斯纳甘特 M1895 转轮手枪 ················ 34

法国卡米洛 – 戴维格勒转轮手枪 ················ 36

以色列"沙漠之鹰"手枪 ················ 38

美国柯尔特 M1911A1 手枪 ················ 42

德国 HK MK23 手枪 ················ 44

美国 EP–45"解放者"手枪 ······ 46

奥地利格洛克系列手枪 ········ 48

德国 HK USP 系列手枪 ······· 50

捷克 CZ75 手枪 ·············· 52

德国瓦尔特 P99 手枪 ·········· 54

美国史密斯－韦森西格玛 9 毫米手枪 ··················· 56

西班牙星 30M 手枪 ················· 60

意大利伯莱塔 92F 手枪 ················· 62

瑞士西格－绍尔 P226 手枪 ··········· 64

瑞士绍尔 P220 手枪 ·············· 66

奥地利格洛克 17 型半自动手枪 ········· 68

埃及海尔文手枪 ··············· 70

德国瓦尔特 P5 手枪 ·············· 72

意大利伯莱塔 M1934 手枪 ············ 76

比利时勃朗宁 M1935 大威力手枪 ·············· 78

美国鲁格 P–85 手枪 ················ 80

德国瓦尔特 P38 手枪 ·············· 82

西班牙阿斯特拉 M600 手枪 ··········· 86

德国 HK P9 手枪 ················ 88

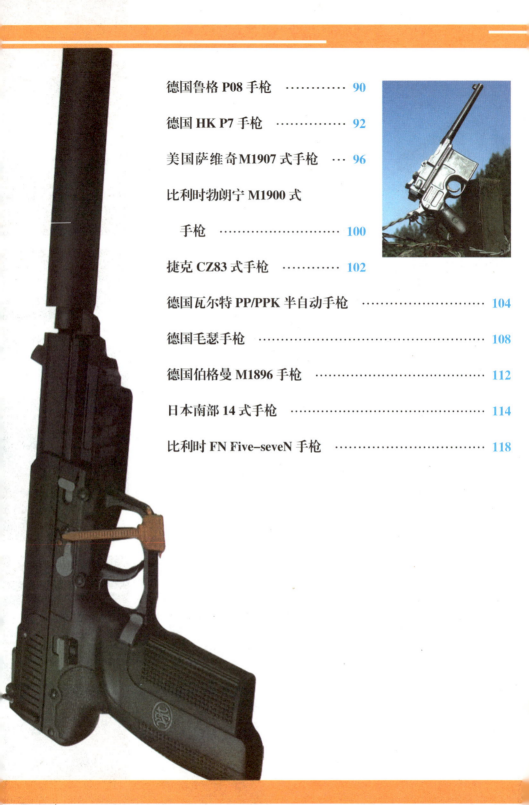

德国鲁格 P08 手枪 ············· 90

德国 HK P7 手枪 ··············· 92

美国萨维奇 M1907 式手枪 ··· 96

比利时勃朗宁 M1900 式

　手枪 ··················· 100

捷克 CZ83 式手枪 ············ 102

德国瓦尔特 PP/PPK 半自动手枪 ························· 104

德国毛瑟手枪 ························ 108

德国伯格曼 M1896 手枪 ························ 112

日本南部 14 式手枪 ························ 114

比利时 FN Five–seveN 手枪 ························· 118

全景手枪
☆ QUANJING SHOUQIANG ☆

美国柯尔特蟒蛇型转轮手枪

měi guó kē ěr tè mǎng shé xíng zhuàn lún shǒu qiāng yú nián shēng chǎn tā
美国柯尔特蟒蛇型转轮手枪于1955年生产,它

bèi yù wéi shì jiè shang zuì hǎo de zhuàn lún shǒu qiāng zhī yī yīn wèi tā de wài xíng
被誉为世界上最好的转轮手枪之一。因为它的外形

lèi sì mǎng shé suǒ yǐ bèi chēng wéi mǎng shé
类似蟒蛇,所以被称为蟒蛇

xíng zhuàn lún shǒu qiāng tā de wěn
型转轮手枪。它的稳

dìng xìng hé chāo qiáng de shā
定性和超强的杀

shāng lì yě ràng qiāng xiè
伤力也让枪械

ài hào zhě men zé zé
爱好者们啧啧

chēng qí
称奇。

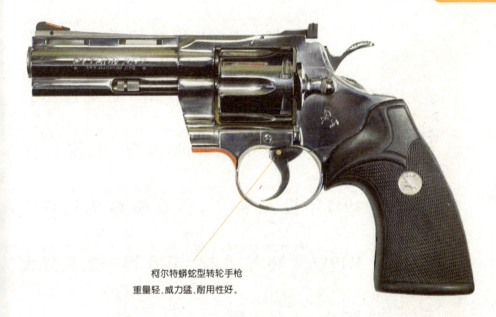

柯尔特蟒蛇型转轮手枪
重量轻、威力猛、耐用性好。

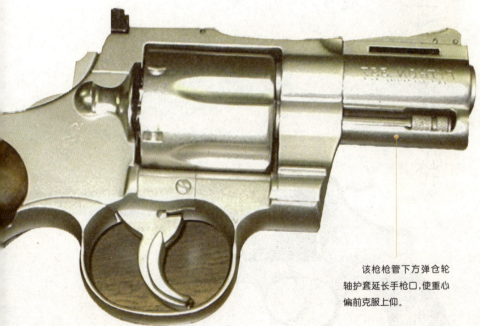

该枪枪管下方弹仓轮
轴护套延长手枪口,使重心
偏前克服上仰。

美国柯尔特M1917型转轮手枪

美国柯尔特M1917型转轮手枪是第一次世界大战时的名枪,它是柯尔特M1909转轮手枪的改进型。因该枪于1917年投入生产,所以被称为柯尔特M1917型转轮手枪。其在第一次世界大战中声名大噪。

美国柯尔特特种侦探转轮手枪

柯尔特特种侦探转轮手枪于1972年诞生，它是警用转轮手枪的开山鼻祖。由于柯尔特特种侦探手枪粗短的枪管特别像狮子的鼻子，所以人们又称其为"狮子鼻"。该枪线条流畅，握感也十分舒适。一般来说，早期的转轮手枪似乎都融入了职业枪匠的意念与灵魂，都充满着野性的味道。那时生产的手枪至今都透着一股别样的灵气，令众多手枪爱好者们为之着迷。

1933年以前制造的特种侦探转轮手枪的握把底部呈直角，而后期特种侦探转轮手枪的握把底部都柯尔特公司的特种侦探转轮手枪有着连续的变化,且个性十足。

后期的特种侦探转轮手枪的握把底部呈圆角,并且弧度较大。

呈圆角，且弧度较大。后来

逐渐取消了台座，到后期基

本定型，没有了段差，上下

均为一个厚度，与第一期完

全不同。第三期型号与前

两期相比，制作者从安全

性和可靠性上来考虑，对

枪管下突耳、退壳杆及准

星也进行了相应的调整。

美国史密斯-韦森系列转轮手枪

shǐ mì sī wéi sēn zhuàn lún shǒu qiāng shì měi guó shǐ mì sī wéi sēn gōng sī
史密斯-韦森转轮手枪是美国史密斯-韦森公司

yuán shǐ xíng de zhuàn lún shǒu qiāng gāi qiāng cǎi yòng xíng shè jì gù dìng shì zhào
原始型的转轮手枪。该枪采用K型设计,固定式照

mén yòng dù niè gāng huò fǔ shí bú xiù gāng zhì zào ér chéng yú nián kāi shǐ
门,用镀镍钢或腐蚀不锈钢制造而成,于1900年开始

shēng chǎn gāi qiāng céng bèi jūn fāng hé jǐng fāng dìng wéi zhì shì zhuāng bèi
生产。该枪曾被军方和警方定为制式装备。

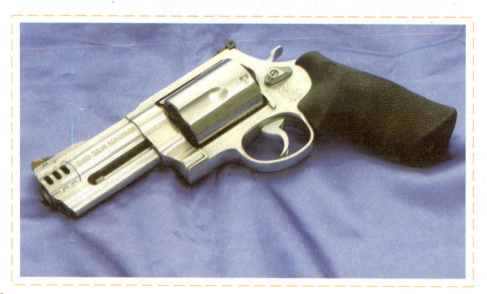

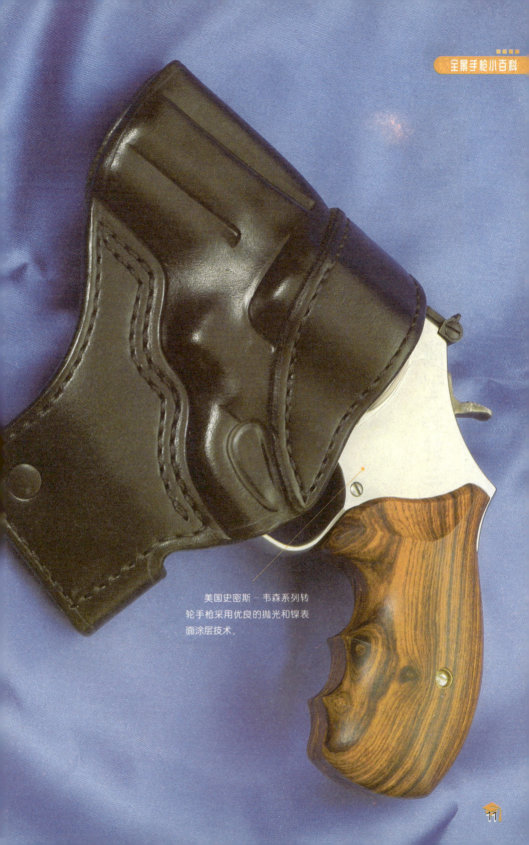

美国史密斯－韦森系列转轮手枪采用优良的抛光和镍表面涂层技术。

lǔ gé hóng yīng zhuàn lún shǒu qiāng shì yóu lǔ gé sī
鲁格红鹰转轮手枪是由鲁格－斯

tè mǔ gōng sī kāi fā de xīn chǎn pǐn qí yǒu liǎng zhǒng kǒu jìng
特姆公司开发的新产品。其有两种口径

de qiāng xíng gōng yìng yì zhǒng shì háo mǐ kǒu jìng kě
的枪型供应：一种是11.5毫米口径，可

shǐ yòng háo mǐ kē ěr tè zhuàn lún shǒu qiāng cháng dàn
使用11.5毫米柯尔特转轮手枪长弹；

lìng yì zhǒng shì háo mǐ kǒu jìng shǐ yòng háo mǐ de lǔ
另一种是12毫米口径，使用12毫米的鲁

gé qiāng dàn
格枪弹。

鲁格红鹰型转轮手枪
采用氯丁橡胶握把。

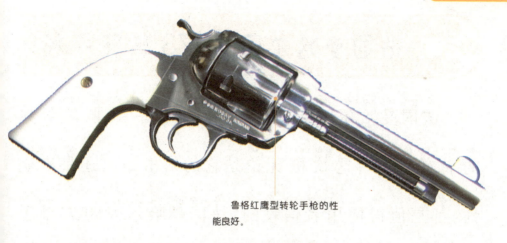

鲁格红鹰型转轮手枪的性
能良好。

鲁格红鹰型转轮手
枪的枪管较短。

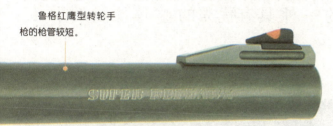

法国曼哈尔因MR73转轮手枪

fǎ guó màn hā ěr yīn　　　zhuàn lún shǒu qiāng shì yì kuǎn fēi cháng jīng diǎn
法国曼哈尔因MR73转轮手枪是一款非常经典

de zhuàn lún shǒu qiāng　　zhè kuǎn qiāng wú lùn shì tā de shè jī jù lí hái shì zhǔn què
的转轮手枪,这款枪无论是它的射击距离还是准确

xìng dōu shì zhí dé shǐ yòng zhě xìn lài de　　fǎ guó màn hā ěr yīn　　xíng shǒu
性,都是值得使用者信赖的。法国曼哈尔因MR73型手

qiāng shì fǎ guó shè jì de yì zhǒng jù yǒu yōu xiù de zhěng tǐ zhì liàng de shǒu qiāng
枪是法国设计的一种具有优秀的整体质量的手枪。

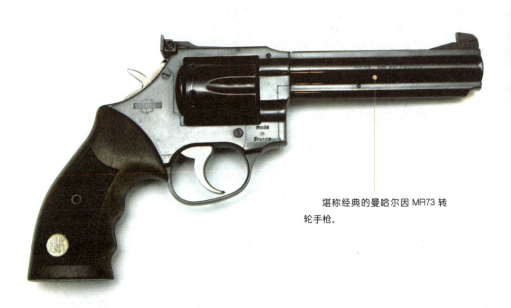

堪称经典的曼哈尔因 MR73 转轮手枪。

美国柯尔特警用型转轮手枪

柯尔特警用手枪诞生于1905年，它是由美国早期的袖珍型转轮手枪演变而来的。这款转轮手枪采用简单的复古设计，枪管有所加粗，可发射强力的马格南子弹，采用固定式照门，深受广大枪械爱好者的喜爱。

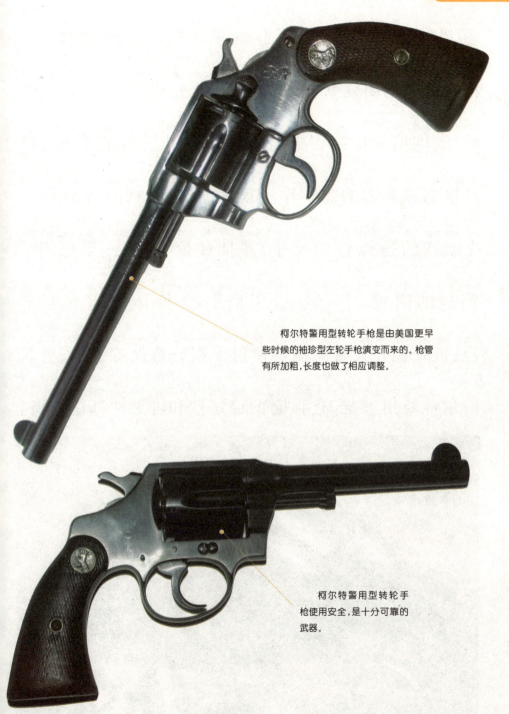

柯尔特警用型转轮手枪是由美国更早
些时候的袖珍型左轮手枪演变而来的。枪管
有所加粗,长度也做了相应调整。

柯尔特警用型转轮手
枪使用安全,是十分可靠的
武器。

柯尔特警用型转轮手枪采用摆出式转轮和一个新的可靠的闭锁系统，击锤处于全待击时才能发射枪弹。美国柯尔特公司推出的这款警用型转轮手枪，已经根据顾客们的需要作了很多的改变。柯尔特公司首先改变的是枪口的尺寸，并且对枪管的长度也作了相应的调整。柯尔特警用型手枪枪体的重量虽然轻，但是在开火时却能够使射手很好地保持平衡，并且柯尔特警用型转轮手枪的稳定性和可靠性都比较高。

POLICE POSITIVE

$325

CALIBER: 32

CONSIGNMENT: YES

SERIAL NUMBER: 214515

507

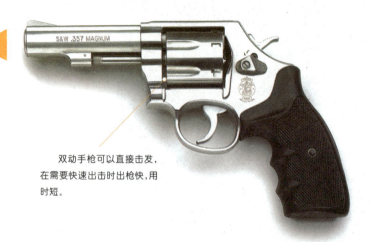

双动手枪可以直接击发，在需要快速出击时出枪快，用时短。

美国史密斯-韦森双动转轮手枪

史密斯-韦森公司经过4年的刻苦研究，到19世纪80年代，史密斯-韦森系列双动转轮手枪终于和世人见面了。史密斯-韦森双动手枪能通过连续两次扣动扳机使击锤完成一次竖起和释放的过程而开火。

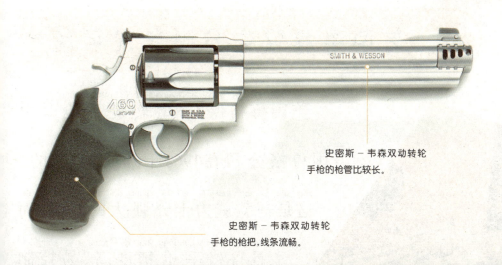

史密斯－韦森双动转轮
手枪的枪管比较长。

史密斯－韦森双动转轮
手枪的枪把，线条流畅。

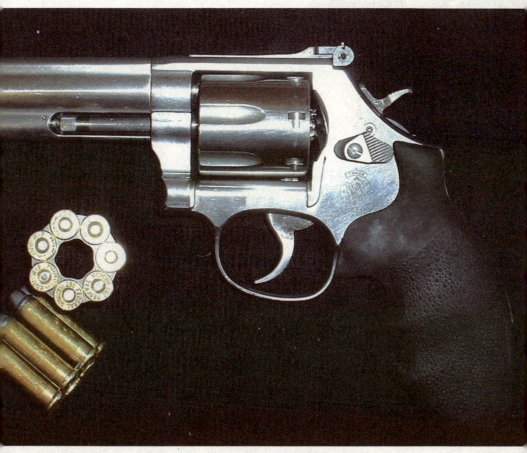

美国鲁格保安6型转轮手枪

美国鲁格保安6型转轮手枪是由美国鲁格公司在1968年开始生产的。

这是一款威力十分强大的武器，而且鲁格手枪精度高、易控制的特点一直被它的使用者传为佳话。

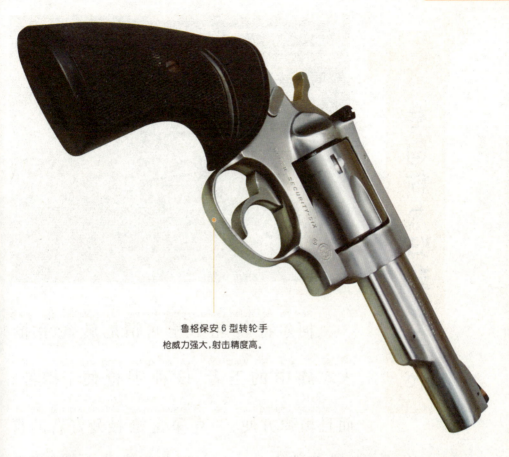

鲁格保安 6 型转轮手
枪威力强大,射击精度高。

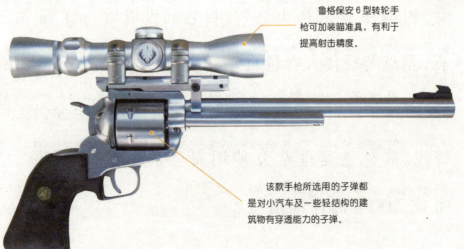

鲁格保安 6 型转轮手
枪可加装瞄准具,有利于
提高射击精度。

该款手枪所选用的子弹都
是对小汽车及一些轻结构的建
筑物有穿透能力的子弹。

美国柯尔特转轮手枪

柯尔特转轮手枪可谓是转轮手枪大家族中的王者。该种手枪便于携带，而且填弹方便，一直深受枪械爱好者的喜爱。柯尔特手枪历史悠久，自它问世以后一直畅销不衰。虽然与现代大容量自动手枪相比，转轮手枪只有6发~7发子弹，但转轮手枪对瞎火弹的处理至今仍无可替代。被称为是世界上使用安全系数最高的手枪，故而成为刺客的首选用枪。

转轮式弹膛,可装 6 发子弹。

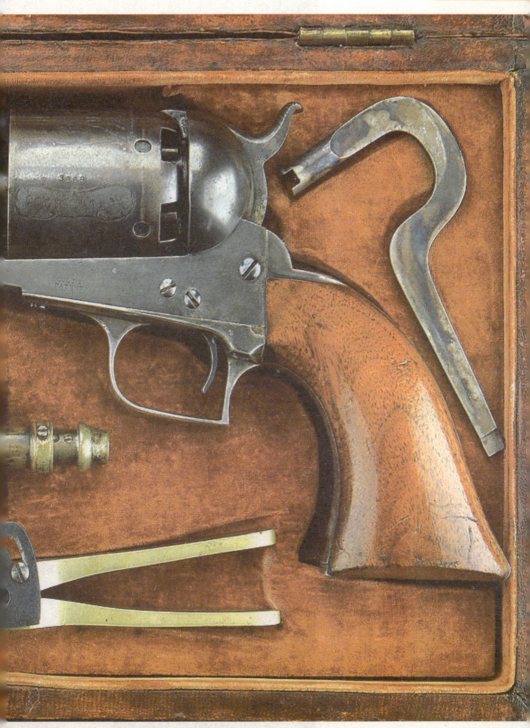

英国韦伯利MK6型转轮手枪

作为一种突击手枪，韦伯利MK6型转轮手枪是很成功的，该枪在第二次世界大战的战壕争夺战中取得了令人瞩目的成绩。这款手枪短小精悍，而且它的可靠性也足以令使用者放心使用。

WEBLEY
MARK VI
PATENTS
1918

韦伯利MK6型左轮手枪于1887年成为英军制式
装备，它成为著名转轮折转式韦伯利手枪的一个
后期代表作。该型手枪自1915年至1945年间为军方服
役，是最后一款服役时间较长的韦伯利左轮手枪，并
以其精确性和可靠性而蜚声枪坛。韦伯利MK6型左轮
手枪在双动发射时扳机力大，要求有强壮的射手
才能很好地操控，不过一般人也可以接受，而且该枪
也能单动发射。

韦伯利 MK6 型转轮手枪得到了军界人士和枪械设计者的一致认可。

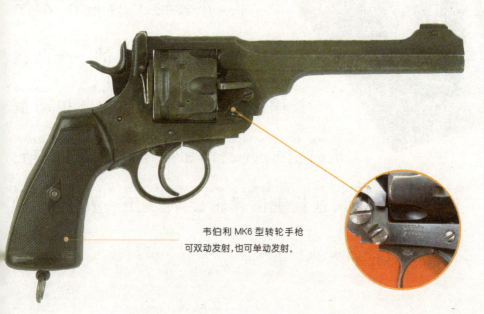

韦伯利 MK6 型转轮手枪可双动发射,也可单动发射。

德国毛瑟"Z"字形转轮手枪

德国毛瑟"Z"字形手枪是毛瑟武器系列中的一种,该系列武器出现在19世纪后期并影响了20世纪武器的设计与发展。"Z"字形转轮手枪最别具特色之处在于它的转轮机构。供弹轮上有一个"Z"字形线槽,主弹簧上的一个凸钮被固定在槽线中,这样当扣动扳机时主弹簧使凸钮的运动沿着供弹轮上的槽线运动,这就使供弹轮旋转到下一发子弹,随之上膛以准备开火。

俄罗斯纳甘特M1895转轮手枪

nà gān tè   zhuàn lún shǒu qiāng chǎn yú é guó de
纳甘特M1895 转 轮 手 枪 产 于 俄 国 的

shā huáng shí dài   zhè kuǎn shǒu qiāng yì zhí fú yì dào
沙 皇 时 代，这 款 手 枪 一 直 服 役 到 1950

nián   shì yì kuǎn bù tóng xún cháng de wǔ qì   gāi qiāng de zhǔ
年，是 一 款 不 同 寻 常 的 武 器。该 枪 的 主

yào tè diǎn shì cǎi yòng qì fēng shì zhuàn lún   fā shè shí zhuàn lún
要 特 点 是 采 用 气 封 式 转 轮，发 射 时 转 轮

yǔ qiāng guǎn hòu duān bì suǒ   fáng zhǐ huǒ yào rán qì lòu qì
与 枪 管 后 端 闭 锁，防 止 火 药 燃 气 漏 气。

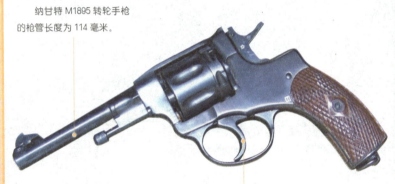

纳甘特 M1895 转轮手枪
的枪管长度为 114 毫米。

纳甘特 M1895 转轮手枪的
初速为 305 米／秒。

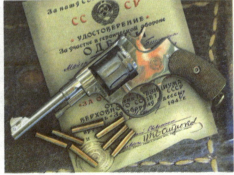

法国卡米洛-戴维格勒转轮手枪

<ruby>卡<rt>kǎ</rt></ruby><ruby>米<rt>mǐ</rt></ruby><ruby>洛<rt>luò</rt></ruby>-<ruby>戴<rt>dài</rt></ruby><ruby>维<rt>wéi</rt></ruby><ruby>格<rt>gé</rt></ruby><ruby>勒<rt>lè</rt></ruby><ruby>手枪<rt>shǒu qiāng</rt></ruby><ruby>是<rt>shì</rt></ruby><ruby>由<rt>yóu</rt></ruby><ruby>约<rt>yuē</rt></ruby><ruby>瑟<rt>sè</rt></ruby><ruby>夫<rt>fū</rt></ruby>·<ruby>卡<rt>kǎ</rt></ruby><ruby>米<rt>mǐ</rt></ruby><ruby>洛<rt>luò</rt></ruby><ruby>和<rt>hé</rt></ruby><ruby>亨<rt>hēng</rt></ruby>

卡米洛-戴维格勒手枪是由约瑟夫·卡米洛和亨

利古斯塔夫·戴维格勒设计的。19世纪至20世纪初它

成为法国军队的标准配枪。在1873年，一种11毫米口

径的该系列样式手枪诞生，并服役于法国骑兵。

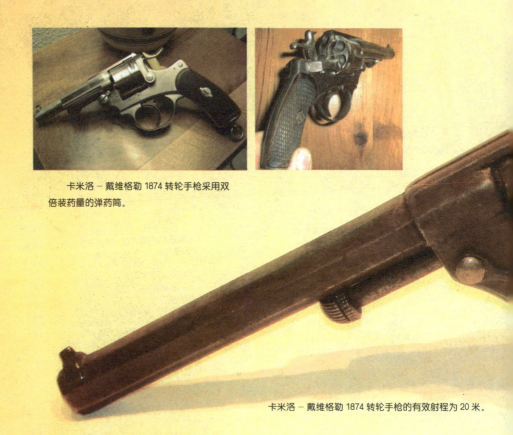

卡米洛－戴维格勒 1874 转轮手枪采用双倍装药量的弹药筒。

卡米洛－戴维格勒 1874 转轮手枪的有效射程为20米。

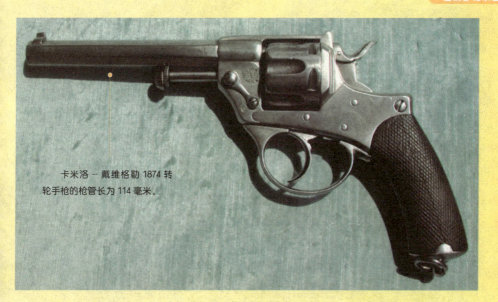

卡米洛－戴维格勒 1874 转
轮手枪的枪管长为 114 毫米。

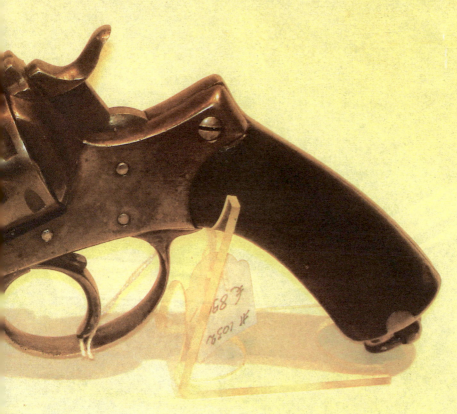

以色列"沙漠之鹰"手枪

"沙漠之鹰"手枪造型犹如一个"U"字，由一根弹簧销固定在受弹后面。扳机距离70毫米，握把角度呈75°。它自1984年在电影《龙年》中登场后，陆续在五百多部影视作品中亮相。"沙漠之鹰"以其彪悍的外形、强大的火力成为影视剧中"有强大威慑

"沙漠之鹰"是以色列军事工业公司的传统枪型。

力的手枪"的首选道具，与好莱坞及其他影视

公司结下了不解之缘，取得了良好声誉及商

业上的巨大成功。

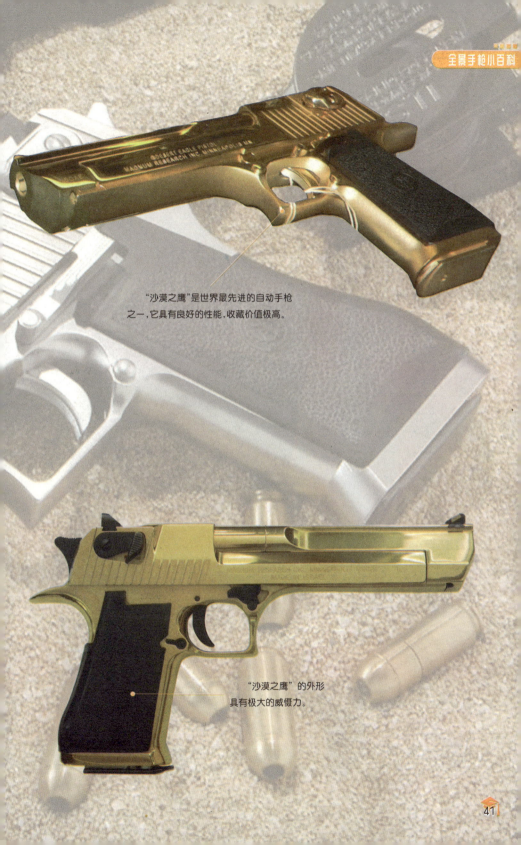

"沙漠之鹰"是世界最先进的自动手枪之一，它具有良好的性能，收藏价值极高。

"沙漠之鹰"的外形具有极大的威慑力。

美国柯尔特M1911A1手枪

shǒu qiāng zuò wéi shì jiè míng qiāng zhī yī
M1911A1手枪作为世界名枪之一，

qí yōu xiù de zhàn dòu lì shì shì jiè gōng rèn de　ér
其优秀的战斗力是世界公认的。而

shǒu qiāng zuì wéi yǐn rén zhù mù de shì tā chāo zhòng
M1911A1手枪最为引人注目的是它超重

de dàn tóu　qí dàn zhòng yuē wéi　　kè　suǒ chǎn shēng de
的弹头，其弹重约为15.16克，所产生的

wēi lì shì háo mǐ zǐ dàn suǒ yuǎn yuǎn bù　jí de
威力是9毫米子弹所远远不及的。

德国 HK MK23 手枪

MK23是由HK公司设计的,全枪比USP长51毫米,

重量比USP重380克。MK23手枪具有外挂装置,可

以安装镭射标定器或强光手电筒。MK23手枪最显

著的特色就是其精确度极高,是其他手枪所无法比

拟的。

HK MK23 手枪的剖面图。

HK MK23 手枪的握把前后有许多小突
起,可防止手掌出汗引起的滑动。

美国EP-45"解放者"手枪

jiě fàng zhě shǒu qiāng de
"解放者"手枪的

zhèng shì míng chēng shì jiě
正式名称是EP-45。"解

fàng zhě shǒu qiāng qí shí shì yì zhǒng
放者"手枪其实是一种

gòu zào fēi cháng jiǎn dān de dān fā
构造非常简单的单发

huá táng shǒu qiāng chāi xiè hé zǔ
滑膛手枪,拆卸和组

zhuāng de guò chéng dōu fēi cháng jiǎn
装的过程都非常简

dān bìng qiě zhè kuǎn shǒu qiāng de zào
单。并且这款手枪的造

jià fēi cháng dī lián hěn shì hé dà
价非常低廉,很适合大

pī liàng shēng chǎn
批量生产。

奥地利格洛克系列手枪

坐落于奥地利的格洛克有限公司是世界上第一家大量使用工程塑料制造手枪的公司。格洛克手枪只在枪身的一些关键部分才采用钢增强,这样不但降低了生产成本,还提高了其他零部件的整体结合精度。

格洛克手枪扳机护圈的前端内凹并有花纹。

格洛克手枪的弹匣可增大容量,保证了手枪的持续火力。

德国 HK USP 系列手枪

dé guó　　　xì liè shǒu qiāng shì yī jù sī fǎ jǐ gòu hé wǔ zhuāng bù duì
德国USP系列手枪是依据司法机构和武装部队

děng yāo qiú shè jì de　　 gāi qiāng suī rán shì yì zhǒng dà wēi lì shǒu qiāng　dàn yǔ
等要求设计的。该枪虽然是一种大威力手枪，但与

shā mò zhī yīng xiāng bǐ　qí shè jī hòu zuò lì jiào xiǎo tóng shí fǎn yìng bǐ jiào
"沙漠之鹰"相比，其射击后坐力较小，同时反应比较

xùn sù yīn cǐ tā bǐ shā mò zhī yīng gèng shòu huān yíng
迅速。因此，它比"沙漠之鹰"更受欢迎。

捷克 CZ75 手枪

jié kè　　shǒu qiāng shì jié kè èr zhàn hòu
捷克CZ75手枪是捷克二战后

yán zhì de zuì yōu xiù de shǒu qiāng　　cǎi yòng
研制的最优秀的手枪，CZ75采用

shuāng pái gōng dàn　shuāng dòng jī fā shè jī　ān quán
双排供弹、双动击发射击，安全

xìng jí gāo　ér qiě qiāng shēn zhì zuò gōng yì jīng liáng
性极高，而且枪身制作工艺精良，

xī yǐn xǔ duō chǎng jiā mó fǎng tā de yì xiē shè jì
吸引许多厂家模仿它的一些设计

lǐ niàn　chéng wéi　míng qiāng bǎng yàng
理念，成为"名枪榜样"。

所有标准尺寸的 CZ75
手枪都是全钢结构。

CZ75 手枪的握把周径很小，
很适合手掌比较小的人使用。

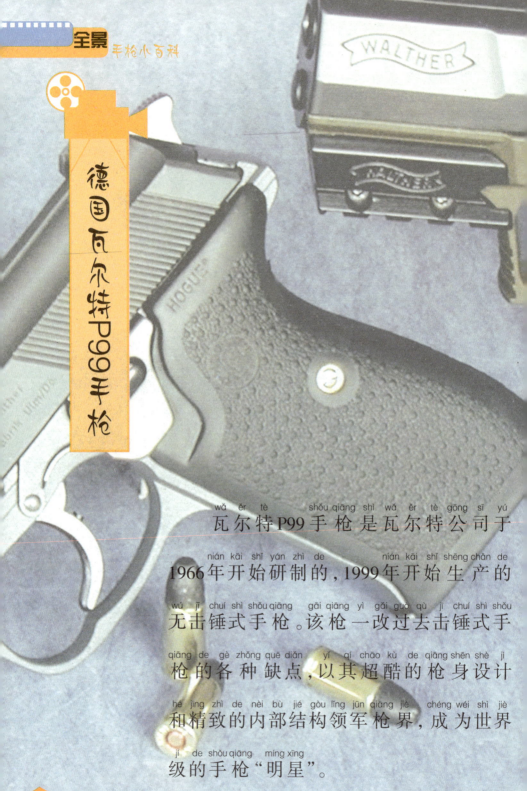

德国瓦尔特P99手枪

wǎ ěr tè shǒu qiāng shì wǎ ěr tè gōng sī yú
瓦尔特P99手枪是瓦尔特公司于

nián kāi shǐ yán zhì de nián kāi shǐ shēng chǎn de
1966年开始研制的，1999年开始生产的

wú jī chuí shì shǒu qiāng gāi qiāng yì gǎi guo qù jī chuí shì shǒu
无击锤式手枪。该枪一改过去击锤式手

qiāng de gè zhǒng quē diǎn yǐ qí chāo kù de qiāng shēn shè jì
枪的各种缺点，以其超酷的枪身设计

hé jīng zhì de nèi bù jié gòu lǐng jūn qiāng jiè chéng wéi shì jiè
和精致的内部结构领军枪界，成为世界

jí de shǒu qiāng míng xīng
级的手枪"明星"。

枪体的套筒采用聚合材质制成。

美国史密斯-韦森西格玛9毫米手枪

史密斯-韦森公司推出的深受大众喜爱的西格玛系列手枪采用击锤击发、联动半自动结构,发射10.16毫米口径史密斯-韦森弹。自西格玛手枪第一次出现起,人们就期待着他们能生产出一款袖珍型的手枪,并要求它性能可靠、精度较高、人机功效好;而执法人员需要的应该是一种更加保险的备用枪。史密斯-韦森公司的西格玛9毫米手枪则对这两种需要都能满足,而且隐蔽性和防护性俱佳。

枪管和固定在套筒座上的枪
管固定座共同构成了该枪的枪管
部分。

手枪握把和套筒座融
为一体。

史密斯–韦森西格玛9毫米手枪内部许多部件都是用合成材料制成的，其中包括扳机机构中的许多零件。这些零部件设计强度较高，表面耐磨损，以保证长期有效的服役。金属零部件随处可见，从扳机复进簧到冲压成形的连杆都是金属件。

西格玛手枪使用合成
材料制成,重量轻,生产成
本较低。

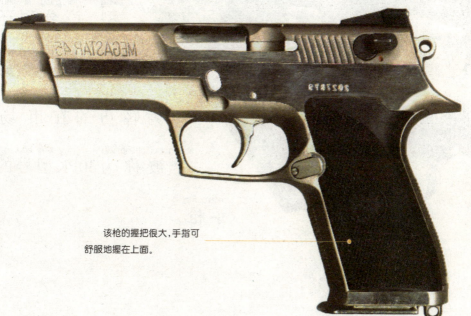

该枪的握把很大,手指可
舒服地握在上面。

西班牙星30M手枪

西班牙星30M手枪是一款十分优秀的手枪，这款手枪在1990年投入生产，一直到今天它在商业与军队中仍然是受人青睐的抢手货。

除了全钢的30M型，该公司还生产了一种更为轻巧的在市场上被称为30PK型号的手枪。

星 30M 手枪套筒与瞄准基线的长度比例设置得非常合理。

星 30M 手枪采用枪管后座式原理,双动方式击发。

意大利伯莱塔92F手枪

伯莱塔92F式手枪在美国1985年第一次手枪换代选型实验时被选中,定名为M9。1989年第二次选型又选中该枪,更名为M10。目前美军已全部装备92F手枪,替换了装备近半个世纪之久的11.43毫米柯尔特M1911A1手枪。

瑞士西格－绍尔 P226 手枪

瑞士西格－绍尔 P226 式手枪是1980年由瑞士工业公司和德国绍尔·佐恩公司强强合作研制出的一种特种手枪。曾参加美军手枪选型实验,该枪的最大特点是结构紧凑、功能齐全、弹匣容量大。

西格－绍尔手枪的枪管采用冷锻
技术制造，并在枪管表面做了氧化抛光
处理。

西格－绍尔手枪安全性高，没有
"走火"的危险。

瑞士绍尔 P220 手枪

西格-绍尔 P220 手枪是 20 世纪 70 年代研制的，目的是为取代 P210。P220 是 P210 的改进型，比 P210 性能更完善、更安全可靠。

CIG 公司以 P220

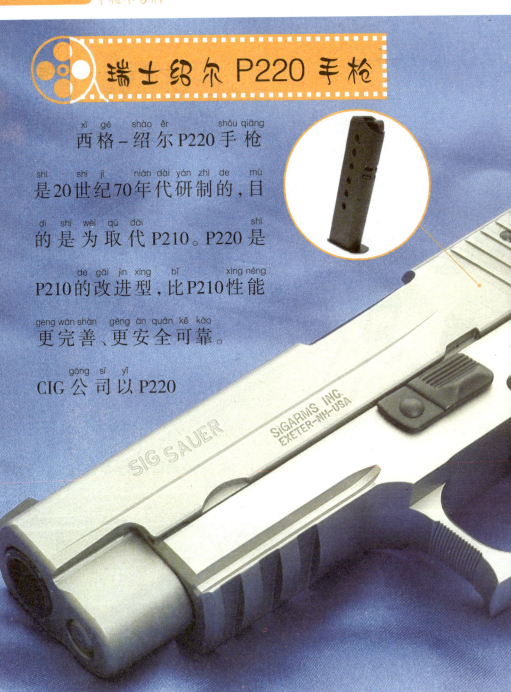

wéi jī chǔ kāi fā chū de yī xì liè shǒu qiāng píng zhe xìng néng yōu liáng　cāo zuò kě
为基础开发出的一系列手枪凭着性能优良、操作可

kào　zài jūn jǐng hé mín jiān guǎng shòu huān yíng
靠,在军警和民间广受欢迎。

奥地利格洛克17型半自动手枪

奥地利的格洛克公司在1983年时为了满足军方的要求而成功研制出了一种独特的9毫米手枪,这便是格洛克17型半自动手枪。这种手枪结构简单,重量轻。目前该枪已被世界上五十多个国家的军队和警察使用。

将分解柄向下推可将套头和枪身分离。

埃及海尔文手枪

海尔文手枪是为了埃及人民武装力量及其后的建设而直接仿制贝莱塔公司优秀的M951型生产的。其以贝莱塔M951型手枪的自动方式为枪管短后座,枪管和枪膛的闭锁由一个突起进入滑膛上的狭缝而获得。尽管贝莱塔最初试图以一种轻合金生产M951型,但最后还是以钢制成了9毫米的海尔文手枪。意大利军队也采用了此设计制造手枪。

德国瓦尔特P5手枪

wǎ ěr tè shì shǒu qiāng shì wǎ ěr tè shì shǒu qiāng de gǎi jìn xíng shì
瓦尔特P5式手枪是瓦尔特38式手枪的改进型，是

yóu dé guó kǎ ěr wǎ ěr tè yùn dòng qiāng xiè yǒu xiàn gōng sī shēng chǎn zhì
由德国卡尔·瓦尔特运动枪械有限公司生产制

zào de gāi shǒu qiāng shì zhuān wèi jūn duì jǐng chá yán zhì de ān
造的。该手枪是专为军队、警察研制的安

quán xíng shǒu qiāng qí zhì liàng jiào xiǎo biàn yú xié dài
全型手枪，其质量较小、便于携带，

yì jīng tuī chū biàn lì jí chéng wéi dé guó jǐng
一经推出便立即成为德国警

chá de zhì shì shǒu qiāng
察的制式手枪。

该枪具有可靠的保险装置,只有扣发扳机才能击发子弹。

瓦尔特P5式手枪采用枪管短后坐式工作原理，在进行射击后，枪管和套筒在闭锁卡铁的连接下后坐产生一段距离，之后，闭锁卡铁下移，同时迫使枪管下移，使之与套筒相分离。此时，套筒继续后坐，完成抽壳、抛壳等动作。由于P5式手枪的内部结构已形成了多项保险，所以该枪体未设手动保险装置。

意大利伯莱塔M1934手枪

使伯莱塔公司作为手枪企业而一

跃成名的是M1934手枪的成功,伯莱塔

M1934手枪可以说是在过去的现代手枪

中最优秀的手枪之一。伯莱塔M1934手

枪是美国大兵手中的价值最高的战利

品之一。这一点甚至影响到了战后美国

手枪的选型。因为那些在二战战场上

的美国大兵,在80年代有的甚至成了四

星将军,这些人对80年代美国手枪的选

型起到了关键作用。

暴露在开顶式套筒
外的枪管。

伯莱塔 M1934 式手枪的扳机和
握把的距离较近。

比利时勃朗宁 M1935 大威力手枪

勃朗宁 M1935 大威力手枪又称为 GP35，在法国有时也简称为勃朗宁自动手枪，在英语国家则称之为勃朗宁大威力自动手枪，简称 BHP。M1935 大威力手枪完全由钢件制成，结实耐用，线条简练，给人以粗犷、敦实的感觉。凭借其凸耳式枪管、偏移式闭锁机构，成为经典之作。同时，该枪也是一支著名的"长寿"武器，在诞生七十多年后还活跃在战场上。目前仍在英国、澳大利亚和南非等国的军队中服役。

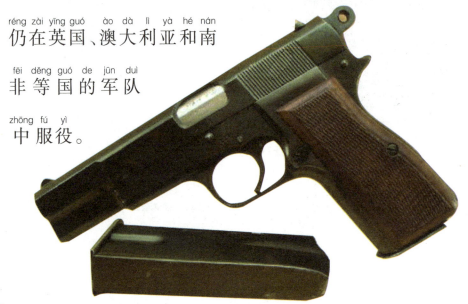

M1935 大威力手枪发射 9
毫米帕拉贝鲁姆手枪弹，其弹
头初速为 335 米／秒。

美国鲁格 P-85 手枪

作为一款现代手枪，鲁格P-85式是在1987年由美国鲁格公司研制成功的。该型手枪也是鲁格公司生产的第一种军用手枪。该枪的高度精确性和优良的人机功效给人们留下了良好的印象，并一举成名。

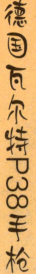

德国瓦尔特P38手枪

1938年，瓦尔特设计的军用型手枪被德国陆军正式定名为P38式制式手枪。它可靠的性能和极高的精确性，无论是在军用还是民用中都受到了青睐，直到20世纪90年代该枪才逐渐退出历史舞台，结束了其辉煌的一生。

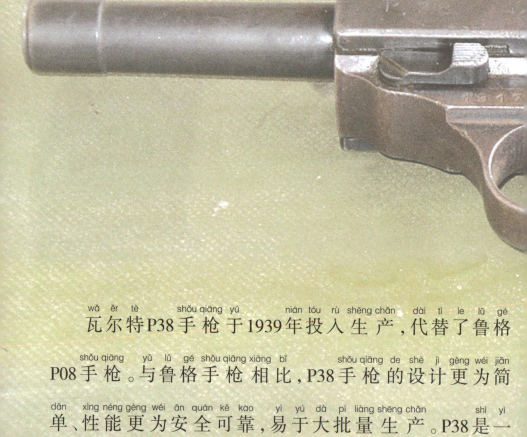

瓦尔特P38手枪于1939年投入生产，代替了鲁格
P08手枪。与鲁格手枪相比，P38手枪的设计更为简
单、性能更为安全可靠，易于大批量生产。P38是一
种双重制动的武器——在装上弹药、竖起击铁
后，可以再松下击铁；在任何时候，都可以迅速地扳起
扳机打出膛内的子弹。

西班牙阿斯特拉 M600 手枪

阿斯特拉系列手枪,因其套筒前端呈圆柱形,外观酷似雪茄烟,而有"雪茄手枪"之称。由阿斯特拉-安塞塔公司生产的M600"雪茄手枪"诞生于第二次世界大战时期,它品质上乘,是阿斯特拉M400的改进型。

德国 HK P9 手枪

<ruby>德国<rt>dé guó</rt></ruby>HK P9<ruby>手枪是德国赫克勒-科赫有限公司生<rt>shǒu qiāng shì dé guó hè kè lè kē hè yǒu xiàn gōng sī shēng</rt></ruby>

<ruby>产的新型自动 装 填手枪,现在德国警察仍 装 备此<rt>chǎn de xīn xíng zì dòng zhuāng tián shǒu qiāng xiàn zài dé guó jǐng chá réng zhuāng bèi cǐ</rt></ruby>

<ruby>枪<rt>qiāng</rt></ruby>。HK P9<ruby>手枪也可作为比赛用枪。比赛用枪的枪<rt>shǒu qiāng yě kě zuò wéi bǐ sài yòng qiāng bǐ sài yòng qiāng de qiāng</rt></ruby>

<ruby>管有两种规格:一种为127毫米;另一种为140毫米。<rt>guǎn yǒu liǎng zhǒng guī gé yì zhǒng wéi háo mǐ lìng yì zhǒng wéi háo mǐ</rt></ruby>

HK P9 手枪的瞄准基线长 147 毫米。

125 924

KLER & KOCH GMBH OBERNDORF/NECKAR

Made in Germany

125 924

德国鲁格P08手枪

德国鲁格P08手枪以其精准的射击和极具舒适感的持枪设计，受到人们的广泛喜爱。德国鲁格P08手枪又称为帕拉贝鲁姆手枪，该枪是由德国武器与弹药兵工厂生产的。鲁格P08式手枪是乔治·鲁格1900年研制的博尔夏特手枪的改进型。鲁格P08式手枪采用枪管短后坐式工作原理，是一种性能可靠、质地优良的武器。具有明显特色的套锁机制，这种机制可以使这款手枪工作得比较好。

德国 HK P7 手枪

bàn zì dòng shǒu qiāng shì　shì jì　nián dài dé guó wèi mǎn zú jǐng

HK P7半自动手枪是20世纪70年代德国为满足警

fāng xū yào ér zhuān mén yán zhì de　gāi qiāng shì shì jiè shang zuì yōu xiù de shǒu qiāng

方需要而专门研制的。该枪是世界上最优秀的手枪

zhī yī　qí shè jī jīng què dù gāo　huǒ lì měng　xiàn zài yǐ chéng wéi dé guó jǐng chá

之一,其射击精确度高、火力猛,现在已成为德国警察

hé jūn duì de zhì shì zhuāng bèi　ér qiě hái dà liàng chū kǒu yú qí tā guó jiā

和军队的制式 装 备,而且还大量出口于其他国家。

HK 手枪的握把保险同时具
有保险、待击发等多项功能。

此图为 HK 手枪握把后端的
部件。

HK P7与大多数的单动、双动自动手枪存在着明显的不同,HK P7系列手枪已经完全突破了传统的手枪结构设计模式。它独特的导气式延迟开锁装置和握把保险、击发机构,严谨、精密的设计,使得该枪在拥有独树一帜的设计风格的同时,也赢得了非凡的品质。

美国萨维奇 M1907 式手枪

萨维奇 M1907 型手枪是由美国萨维奇公司开发与生产的枪机后坐式半自动手枪。萨维奇公司于 20 世纪初为了参加美军制式手枪选型试验，设计了发射 11.43 毫米口径 ACP 弹的半自动手枪。

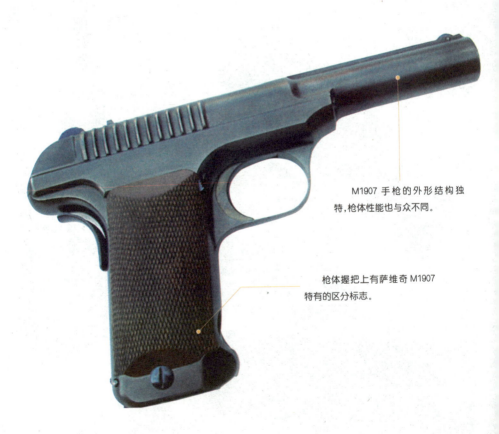

M1907 手枪的外形结构独特，枪体性能也与众不同。

枪体握把上有萨维奇 M1907 特有的区分标志。

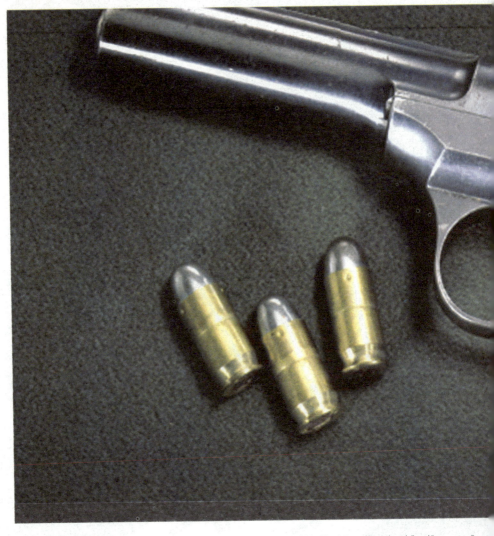

萨维奇M1907型手枪是一款值得称道的手枪,虽

然它同美国柯尔特M1911型手枪在军方选用时落选,

但是在这之后,该枪的制造商萨维奇武器公司找到

了当时垄断了德国武器供应的葡萄牙军队。萨维奇

M1907型及其随后的1908型和1915型都是自由枪击式手枪,其延迟是由于套筒向后运动,前枪管转动而产生的。

比利时勃朗宁FN M1900式手枪

bǐ lì shí bó lǎng níng   shì shǒu qiāng zài wǒ guó bèi
比利时勃朗宁1900式手枪在我国被

chēng wéi   qiāng pái shǒu qiāng   bó lǎng níng yú   shì jì mò kāi
称为"枪牌手枪"。勃朗宁于19世纪末开

shǐ yán zhì shǒu qiāng   tā yán zhì chū de chǎn pǐn zhǔ yào yóu bǐ
始研制手枪,他研制出的产品主要由比

lì shí de   guó yíng bīng gōng chǎng hé měi guó de kē ěr tè wǔ
利时的FN国营兵工厂和美国的柯尔特武

qì gōng sī   léi míng dùn wǔ qì gōng sī fù zé zhì zào
器公司、雷明顿武器公司负责制造。

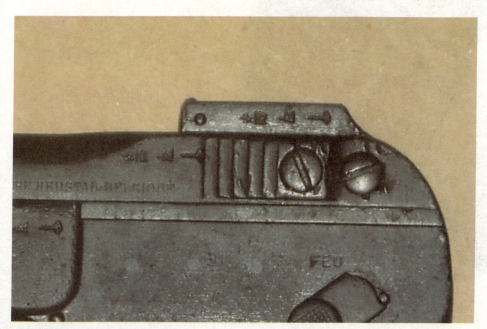

捷克 CZ83 式手枪

捷克CZ83式手枪是著名的世界十大名枪之一。该枪的握把设计以人体工程学为基础，发射机构采用的是双动原理，使用简便快捷。其次是弹药通用性好，简化了后勤保障及武器对枪弹口径的依赖性。

德国瓦尔特PP/PPK半自动手枪

瓦尔特PPK手枪是世界最著名的手枪之一。PP和PPK手枪对第二次世界大战后的西德乃至世界的手枪设计都产生了极大的影响。真正让PPK手枪家喻户晓的功臣应该是007电影系列中的主人公詹姆斯·邦德。

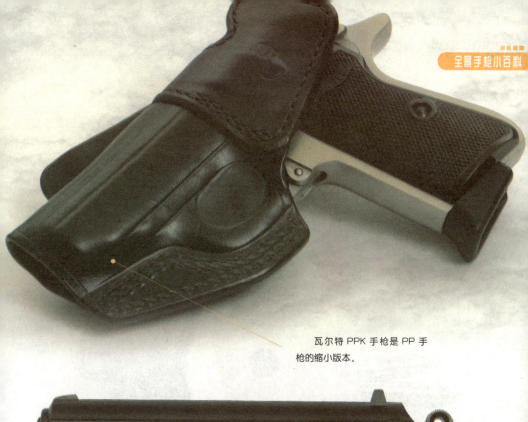

瓦尔特 PPK 手枪是 PP 手枪的缩小版本。

瓦尔特 PPK/PP 手枪的弹匣下有一处突出的尖角。

PPK是德文"刑警手枪"之意。德国瓦尔特PPK半自

动手枪是真正的警用手枪,它是瓦尔特PP手枪的缩

小版本。瓦尔特PPK半自动手枪是由德国卡尔·瓦尔特

武器制造厂制造生产的,可用于杀伤近距离的有生

目标。作为一款小巧玲珑、反应迅速、威力适中的自动

手枪,PPK成为各国谍报人员的首选用枪。时至今

日,该枪仍然被大量使用。

瓦尔特手枪是世界上推广应用
时间最长、最广泛的手枪。

中国是20世纪上半叶使用毛瑟手枪数量最多的国家。

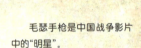

毛瑟手枪是中国战争影片中的"明星"。

德国毛瑟手枪

毛瑟手枪在中国又称驳壳枪、盒子炮。大多数人都认为毛瑟手枪应该是德国的毛瑟本人研制的，实际上并非如此。毛瑟手枪是毛瑟兵工厂的试制车间总管费德勒和他的两个兄弟在闲暇时共同研制的。20世纪20年

毛瑟手枪的握把有许多不
同的样式。

代初,毛瑟手枪走进了中国的历史舞台。在以后的数

十年间,正式装备毛瑟半自动手枪的国家有德国、

意大利、西班牙、中国等十几个国家,还有一些国家的

警察也装备了这种手枪。

毛瑟手枪使用的是击锤击发机构,当子弹上膛后

处于待击状态时,扣动扳机,击锤击打击针,击发底

火。击针后端有一个锁定击针的小突笋,后期为了防止

突笋断裂发生走火,又将一个突笋改为两个。只有闭

锁到位后,击针尾部的突笋才能解脱,击针才能击发

底火。

德国伯格曼 M1896 手枪

bó gé màn
伯格曼M1896自动手枪是伯格曼公司自主研制的

qiāng xíng zhī yī   gāi qiāng cǎi yòng zì yóu qiāng jī shì de zì dòng fāng shì   zhè yì dú
枪型之一,该枪采用自由枪机式的自动方式,这一独

chuàng zài qiāng xiè fā zhǎn shǐ shang zhàn yǒu zhòng yào de dì wèi   zì dòng shǒu
创 在枪械发展史上占有重要的地位。M1896自动手

qiāng de yán zhì zhě xī ào duō bó gé màn shì tàn suǒ   yán zhì zì dòng shǒu qiāng de
枪的研制者西奥多·伯格曼是探索、研制自动手枪的

xiān fēng zhī yī
先锋之一。

枪身处的弹匣盖向下旋转打开时,
托弹杆可随弹匣盖一同向下旋转。

伯格曼 M1896 手枪的扳机设计
合理,它与击锤协同作用完成射击。

日本南部14式手枪

日本南部14式手枪是原南部式手枪的改进型，其由名古屋兵工厂制造，1925年列为日本陆军制式武器，二战期间装备于将校级军官，该枪俗称"王八盒子"。在美军中该枪有一个"东方鲁格"的称号，但并不是因为该手枪性能有多优越，而是因为该枪外形酷似德制鲁格手枪。

这种手枪使用南部式8毫米子弹,瞄准基线较长,精度较高,子弹伤害力极大,基本与达姆弹相同,无防护人员被击中,通常非死即残。但这种子弹穿透力很弱,用5层棉被就能挡住,此外该枪采用的设计结构,必须严格保养才能保证可靠性,否则击发后容易出现第2发子弹上膛不到位的现象,导致射击停顿。

十四年式

比利时FN Five-seveN手枪

FN Five-seveN手枪是FN公司研制的一种半自动武器,采用延迟式后坐机构、非刚性闭锁机构和平移式发射机构。

FN Five-seveN手枪横空出世后便成为大红大紫的"枪坛酷星"。该枪在保证强度要求的同时,还减轻了本身重量,而且使用时也很顺手。FN Five-seveN手枪使用SS190子弹,发射时的初速高达

FN HERSTAL BELGIUM

650米/秒,在100米外可轻易射穿由48层凯夫拉材料制

成的防弹衣,为此,防弹业界迫于压力不得不重新研

发新型防弹衣。

从FN Five-seveN手枪的设计与使用分析角度来分

析,它还是存在着一些明显的缺点的。FN Five-seveN手

枪的弹药火力过强,手枪握把过于宽大,不容易控

制,也不适合单手射击,这样,射手就必须投入更多的

时间来进行射击训练。但是这些缺点和FN Five-seveN

手枪的优越性能比起来,都是微不足道的,其"枪坛酷

星"的地位是不可动摇的。

© 雨 田 2019

图书在版编目（ＣＩＰ）数据

全景手枪小百科 / 雨田编著 . -- 沈阳 : 辽宁少年
儿童出版社 , 2019.1（2023.8重印）
（学生科普百科系列）
ISBN 978-7-5315-7786-7

Ⅰ . ①全… Ⅱ . ①雨… Ⅲ . ①手枪－少儿读物 Ⅳ .
① E922.11-49

中国版本图书馆 CIP 数据核字 (2018) 第 193745 号

出版发行：北方联合出版传媒（集团）股份有限公司
　　　　　辽宁少年儿童出版社
出 版 人：胡运江
地　　址：沈阳市和平区十一纬路 25 号
邮　　编：110003
发行部电话：024-23284265　23284261
总编室电话：024-23284269
E-mail：lnsecbs@163.com
http：//www.lnse.com
承 印 厂：北京一鑫印务有限责任公司

责任编辑：董全正
责任校对：贺婷莉
封面设计：新华智品
责任印制：吕国刚

幅面尺寸：155mm×225mm
印　　张：8　　　　字数：118 千字
出版时间：2019 年 1 月第 1 版
印刷时间：2023 年 8 月第 2 次印刷
标准书号：ISBN 978-7-5315-7786-7
定　　价：39.80 元